ALIENS
一起去找外星人
· 超酷的太空之旅 ·

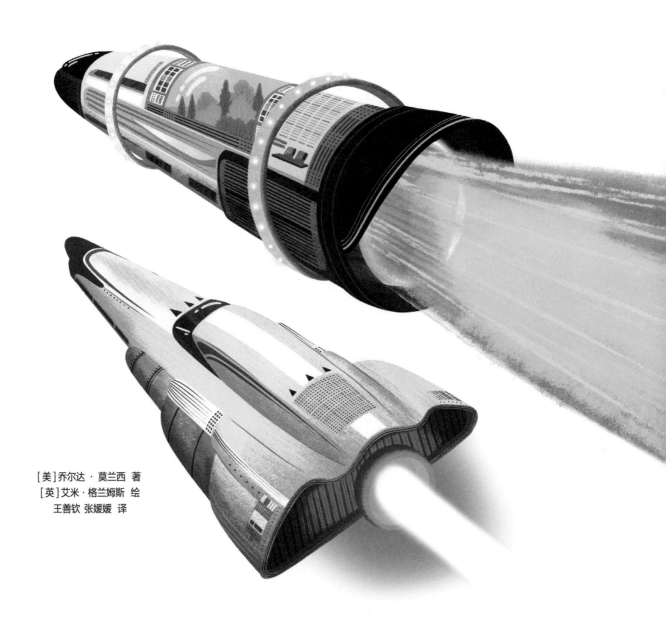

[美]乔尔达·莫兰西 著

[英]艾米·格兰姆斯 绘

王善钦 张媛媛 译

中信出版集团 | 北京

目录

大冒险开始了！

  欢迎大家，欢迎抓捕外星人的"猎手"，欢迎航天员，也欢迎好奇心十足的你们！大家或许已经见识过地球上一大堆奇妙无比的生命形式，也越发好奇，宇宙其他地方有没有生命存在呢？我们应该去寻找地外生命吗？我们能找到吗？地外生命和我们长得像吗？会不会比我们最大胆的梦还要夸张？

  在这本书里，我将带你们穿越整个太阳系，抵达宇宙深处，找到这些问题的答案。我是乔尔达，和你们一样都是人类。我对宇宙中的生命抱有浓厚兴趣，也乐于帮助人们探索更深层的未知世界。能带你们遨游浩瀚的天体生物学领域，这让我满心激动。天体生物学是一门交叉学科，研究地球生物和太空中其他天体上是否存在生物，如存在，这种生物的形态、特性及演化规律是什么。我还会为你们演示现在的科学家正用哪些方法寻找地外生命。抓牢了，你即将开始一段奇妙无比的宇宙之旅！

太阳

水星

金星

地球

月亮

火星

谷神星

小行星带

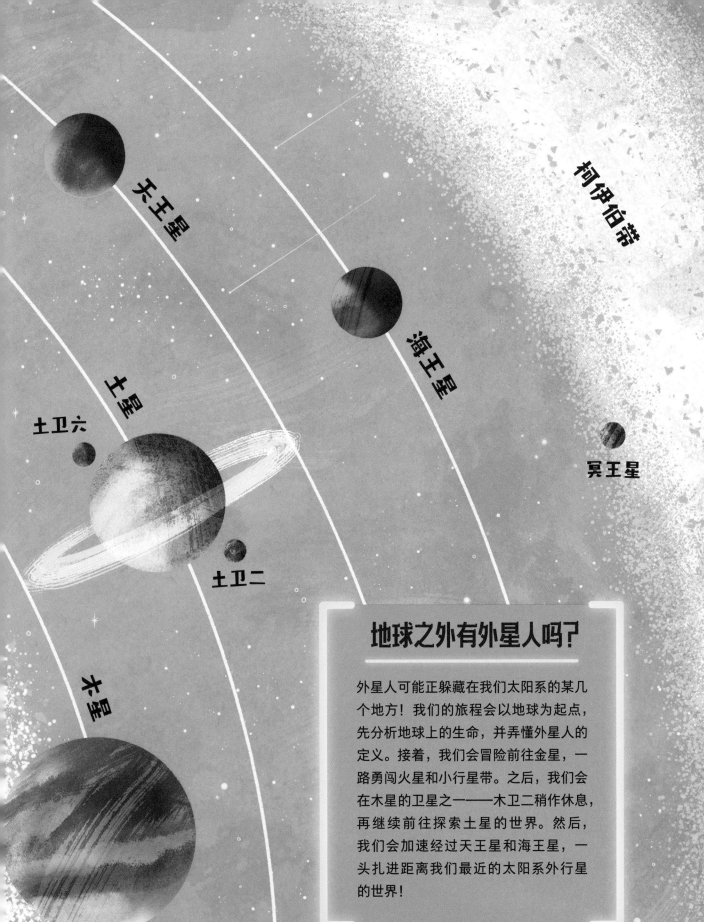

天王星

柯伊伯带

土星

土卫六

海王星

冥王星

土卫二

木星

地球之外有外星人吗？

外星人可能正躲藏在我们太阳系的某几个地方！我们的旅程会以地球为起点，先分析地球上的生命，并弄懂外星人的定义。接着，我们会冒险前往金星，一路勇闯火星和小行星带。之后，我们会在木星的卫星之一——木卫二稍作休息，再继续前往探索土星的世界。然后，我们会加速经过天王星和海王星，一头扎进距离我们最近的太阳系外行星的世界！

木卫二

地球之外有生命吗？

我们在太空的位置

把我们的地球放在天图上，一眼就能看出，与周围的一切相比，地球是多么渺小。从大尺度来看，在看似空空荡荡的外太空中，地球就是一个微不足道的小点。

宇宙

科学家认为，宇宙是在一次巨大的爆炸中被创造出来的，这就是著名的"宇宙大爆炸"。有人估算过，宇宙中有超过 1 000 亿个星系，每个星系又包含至少数百万的恒星，其中不少恒星和其他天体构成类似太阳系的行星系统。

德雷克公式

1961 年，一位名叫弗兰克·德雷克的天体物理学家提出一个公式，想用它计算出银河系中可能存在的地外文明数量。这是人类第一次尝试用科学的方法寻找地外生命。虽然最初只是作为一种估算，但在当时仍引起了不小的争论！

 =  X ●

外星人

德雷克认为，只要通过计算这个公式，就能估算出地外文明的数量……

恒星

首先，你要弄清，银河系中的恒星形成的平均速率（大约一年可以形成 5 到 20 颗恒星）。

行星

接着，计算出有多少颗恒星拥有围绕它们运转的行星。如今我们知道，大多数恒星都有围绕它们运转的行星。

宇宙诞生于大约 140 亿年前，以防你没留意到，我要提醒一句，宇宙非常非常大。不止如此，它还在不停变大——每一秒都在呼呼膨胀着！当我们努力想理解宇宙的浩瀚时，也会越发好奇：外星人在哪里？那些遥不可及的地方，会有生命存在吗？我们人类当然不可能是宇宙中唯一的生物。不过……假如我们真是呢？

地球

我们居住的行星叫作地球。据我们目前所知，它是整个宇宙中唯一存在生命的地方！

银河系

我们生活在一个不断旋转的旋涡星系中，我们叫它银河系。银河系的直径约为 10 万光年，换句话说，假如以光速穿越银河系，大约需要 10 万年！银河系包含了 1 000 亿到 4 000 亿颗恒星。

太阳系

我们的地球身处太阳系中，太阳系是一个大家族，由行星、卫星和其他天体组成，它们都围绕着一颗恒星在转动。这颗恒星叫什么名字呢？你猜对了，就是太阳。太阳系身处银河系之中，距离我们银河系的中心大约有 27 000 光年。

能维持生命的行星

然后，在所有行星中，估算出有多少行星可能会变成适合生命形成的星球。

真实的生命

下一步，选出我们确定上面有生命的全部行星。目前只有一个，就是地球！

智慧生命

接着，你要估算出有多少行星允许生命存活（宜居行星），能够发展出智慧生命（像我们一样）。

通信

紧接着，算出这些地外文明中，有多少能够创造出向太空发送信息的技术。

时间

最后，猜猜一个地外文明向太空发出信号需要多少年。

水世界

海洋世界

地球表面 70% 以上覆盖着液态水。
这些水大部分都储存在我们的海洋中。

在宇宙中寻找生命时，有一样物质是必备的，那就是液态水！它对我们已知的所有生物都至关重要。想知道水在我们寻找外星人的科研任务中扮演什么角色，要先了解一些地球的历史。我们的地球是怎样从一颗滚烫的岩石球，变成如今我们熟悉又喜爱的"蓝色弹珠"的？让我们将时间调回到 46 亿年前。

小行星输送

我们目前仍在努力研究地球上的水是从哪里来的。大多数科学家认为，这些水是在很久以前——在太阳系形成过程中——被输送到地球上的。

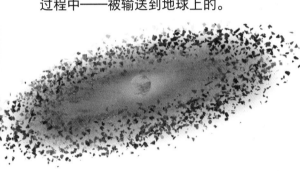

原行星盘

最开始，太阳系是一个又热又扁的巨大圆盘，中心处是年轻的太阳，太阳周围环绕着气体和尘埃。慢慢地，粒子开始聚集起来，形成了星子，也就是如今行星的早期祖先。

小行星

早期地球曾被多个小行星猛烈撞击过。其中一颗小行星撞击过于猛烈，地球被撞掉的那一部分就变成了月球！许多科学家认为，其中一些小行星上含有丰富的水，这些水最终填满地球上的"大坑"，形成了我们的海洋。

火山活动

但是有些科学家认为，火山也为地球上海洋的形成帮了不少忙。火山喷出水蒸气，随着地球表面冷却，水蒸气变成了液态水。

金发姑娘区

液态水只有在特定条件下才能存在。如果太热，它就会蒸发；如果太冷，它就会结冰。科学家最先在太阳系的"宜居带"（也叫"金发姑娘区"）寻找地外生命。在这个区域，温度正好能形成液态水。"金发姑娘区"以童话故事中的金发姑娘命名，她喝麦片粥时，不喜欢喝太热的，也不喜欢喝太凉的。

金发姑娘区

单细胞生物

细胞是生命的基石，你就是由数万亿个细胞构成的！很多生物仅仅由一个细胞构成。这类生物叫作单细胞生物，它们也是地球上出现的最早的生命形式。

植物

植物

植物是由大量细胞构成的。现存的植物超过 40 万种，它们遍布地球各个角落！植物是环境的重要组成部分，为很多动物提供氧气、食物和栖息地。

脊椎动物

动物分为两类：脊椎动物和无脊椎动物。脊椎动物体内有由许多脊椎骨连接而成的脊柱。鱼类、鸟类、爬行动物、两栖动物和哺乳动物都属于脊椎动物。第一批脊椎动物形成于 5 亿多年前。后来，有些脊椎动物进化成了智慧生物。没错，就是我们人类！

动物

生命的起源

地球上的生命是怎样演化来的？弄明白这些，我们寻找地外生命就有了参考，也更清楚要找些什么。生物学家推测，38亿年前，地球海洋中的一锅"化学汤"，创造了第一批简单的生命形式。

这些生命可以从阳光中获取能量，制造出氧气，这个过程叫作"光合作用"。随着氧气含量不断增加，地球上渐渐诞生了更复杂的生命形式。从左边这张谱系图可以看出，地球上所有生命形式就是这样关联起来的。

无脊椎动物

无脊椎动物没有由脊椎骨组成的脊柱。地球上的无脊椎动物比脊椎动物多得多，昆虫就是无脊椎动物。有些无脊椎动物身体外层覆盖着外骨骼。外骨骼可以保护体内柔软的组织，还能防水蒸发。蟹、虾、蟑螂、蝇等都有外骨骼。第一批无脊椎动物出现在 10 亿至 6.5 亿年前的某个时期。

时间层

我们可以通过研究化石，了解更多关于地球生命的历史。当生物死后，随着时间流逝，在它上面会形成岩层。科学家通过观察岩层的位置，就可以确定化石的年代，并了解生命是如何进化的。

发现 UFO

经常有一些东西嗖一下划过天空，人们却解释不清到底是什么，我们用一个术语来形容它们：不明飞行物（英文缩写为 UFO）。早在公元前 240 年，人类就开始记录看到的 UFO，当时中国古代的天文学家们记录了一个 UFO，结果证实是一颗彗星！尽管我们常把 UFO 这个词和外星人联系在一起，但其实 UFO 可以是空中不确定的任何东西——从飘浮在远处的生日派对气球，到轰鸣着冲向太空的火箭，都可能被认为是 UFO。

模糊的照片

可惜的是，很难预测 UFO 什么时候会飞驰而过！因此，许多UFO 的照片都非常模糊或难以辨认。这些可疑的证据，让许多人认定这些照片是伪造的。

外星人绑架事件

人们常常误以为，UFO 就是一种飞碟，常常半夜三更出现，这种飞碟会绑架生物，从人类到奶牛都会被它绑走！其实，没有任何证据表明，曾发生过这类事件。但这些故事可以拍成不错的电影！

阴谋论

随着 UFO 目击事件报道得越来越频繁，人们对这类奇特事件背后的原因，提出了自己的看法。许多人认为，各国政府都很了解外星访客，一直与外星人保持着密切联系。在相信任何一种阴谋论之前，我们把所有证据分析一遍是非常有必要的。大多数 UFO 目击事件最终都有一个合乎常理的解释，但都跟外星人没有任何关系！

头条新闻

当地报纸报道空军多次改变说法。公众对这件丑闻津津乐道，阴谋论的影响一直持续到今天。

罗斯威尔事件

最著名的 UFO 阴谋论之一，是 1947 年发生在美国新墨西哥州罗斯威尔市的罗斯威尔事件。一名农场主在农场中发现了一些神秘残骸，他认为这些残骸可能来自 UFO。他叫来一名警长进行调查，警长又将这件事报告给了美国空军。起先，空军声称他们找到了一架飞碟，接着又改口说这些残骸来自气象气球。最终，有人透露这是一个绝密测试项目的间谍设备！可以肯定地说，公众对整个情况都表示怀疑。

51区

51 区是一个高度机密的空军基地，位于美国内华达州。由于基地的机密属性，渐渐传出许多阴谋论。有些人认为，UFO 和外星人被禁止出现在公众视野中；另一些人则宣称，曾在天空中看到过奇怪的景象；还有退役军人声称曾在 51 区看到过外星科技！尽管谣言满天飞，但我们还没看到任何外星人存在的合理证据。

51 区的真相？

51 区实际上是先进飞行器的研发和测试基地，这就可以解释天空中奇怪的景象是怎么来的了。

安保措施

51 区的围栏提醒着潜在闯入者，不得靠近，更不能拍照。

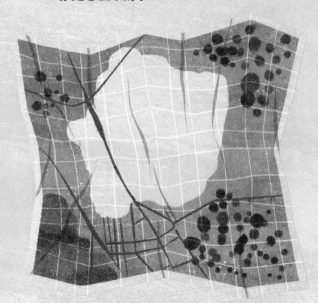

空白的地图

直到 2013 年，美国政府公开承认 51 区的存在，人们才终于知道里面有什么。

小绿人

经典外星人

人们对外星人有一种经典猜想：它们有头颅、脖子、躯干、两条胳膊和两条腿……这听起来是不是很耳熟？这就是在形容我们人类自己的身体！实际上，外星人不一定长得就像人类，它们可以像任何东西。我们人类长成今天这样，是为了适应地球上的生存环境，是进化的结果。然而其他星球上的生存环境，可能跟地球上完全不同！

"13个来自水星的小绿人走出它们的太空飞船，拜访了地球。"

《科珀斯克里斯蒂时报》
1938 年 11 月 1 日

当有人对你提起"外星人"这个词时，你脑海里冒出的第一个画面，很可能是长着深黑色弹珠眼睛的绿色生物。我说的对吗？对外星人的这种设想，在20世纪初期就开始流行。"小绿人"这个词最早的记录之一，来自1938年美国得克萨斯州的《科珀斯克里斯蒂时报》。报纸讲述了一个引发恐慌的事件，起因是万圣节广播电台播放了一本名叫《世界大战》的书，这本书讲述了外星人入侵的故事。不幸的是，有些听众竟然以为这是真事！

小绿人无处不在

早期的外星人电影和漫画中，到处都能看到小绿人。随着时间的推移，这种情况慢慢发生了改变，现代人对外星人的刻画丰富了许多。尽管我们今天可能会嘲笑小绿人这种设想，但我们仍能看出它的影响和意义，《星球大战》电影中的尤达就是证明！

电视节目

如果你看过20世纪六七十年代的电视节目，你会看到小绿人在当时形成一股风潮。即使在今天，"小绿人"这个词仍与外星人联系在一起。

漫画

在20世纪上半叶，漫画中到处都是拜访地球的小绿人。这曾经让一代又一代的孩子坚信，所有外星人都是绿色的。

地狱般的世界

金星曾是一个与地球很相似的星球，地表遍布着海洋。如果金星上曾有生命存在过，那么只有一种可能——微小的生物生活在金星的海洋之中。不过，金星与太阳的距离，比我们地球与太阳的距离近得多。太阳系形成后，太阳变得越来越亮，越来越热。曾经湿润的星球，如今变成了一个炽热、干燥、不适合生命生存的岩石世界。

吸收热量

金星表面温度超过 450℃，是太阳系中最热的行星。它是如何变成这样的？原因很简单，来自太阳的辐射被金星大气吸收，地表温度不断升高，金星的海洋也因此全部蒸发。这种现象就叫"失控温室效应"。

即将到来的任务

由于金星环境恶劣，为数不多的几次登陆金星的任务都只持续了很短的时间。然而，科学家渴望更多地了解这颗行星的历史，还有那些可能存在的地外生命。

真理号

真理号执行的任务是生成金星地形图，并且分析金星的火山活动，还有金星的地震情况，这是一种被称为"金星震"的地震！

展望号

展望号执行的任务，是通过考察金星上的岩石，来查证金星上是否曾有过生命。

金星的云层

科学家并不指望能在金星表面找到生命迹象，极端的温度和极端的大气压，意味着生命几乎不可能在那儿生存。但云端却是另一番景象。在金星厚厚的大气中，蕴藏着一个更温和的环境，里面可能隐藏着地外生命。金星的云层可能是"极端微生物"（也叫"嗜极菌"）的家园，这是一种强大的微小生物，能够承受恶劣的环境。

达芬奇+

虽然在金星上发现磷化氢是一个乌龙事件（见右上角），但美国国家航空航天局（英文缩写为NASA）决定对金星进行一项调查任务。"达芬奇+"是一个自动探测器，它将对金星的大气进行测量。

重大进展？

2020 年 9 月，一群科学家发现了大量"磷化氢"气体，他们认为终于在金星的云层中发现了生命的迹象。他们激动极了，因为在地球上只有活的生物才能产生数量如此多的磷化氢。这是一个突破性发现！不过后来，人们发现计算中有一个错误。再次检查后，并没发现磷化氢的痕迹！

云上都市

未来的某一天，在金星的云层中建造都市，将有助于科学家研究金星的大气。浮空器——一种比空气更轻的飞行器，可能会高高地飘浮在大气中，云层将保护人类免受太空辐射。

火星的历史

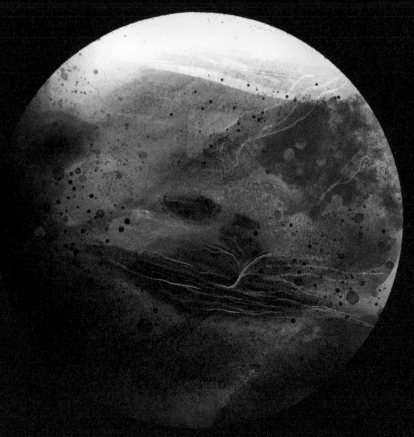

火星的英文 Mars，是罗马神话中战神马尔斯的名字。在太阳系中，火星是与太阳距离第四近的行星，几乎与地球同时形成，但它大小只有地球的一半，引力只有地球的三分之一（这意味着在火星地表，你可以跳得很高！）。

这两颗行星有许多不同点，同时它们也有共同点。比如，火星上的一天（称为"火星日"）和地球上的一天，时长差不多。另一个共同点是，在某个历史时期，火星上曾有过流动的水，这些水可能孕育了地外生命。

今天的火星

这颗红色星球上，早已没有奔涌的河流。相反，这颗行星如今干燥异常、灰尘满满，它的颜色全部来自覆盖地表的赤铁矿。太阳系中最高的火山"奥林波斯山"和最深的峡谷之一"水手峡谷"都位于火星。火星的大气极其稀薄，还不到地球大气厚度的1%。火星就像一块贫瘠的岩石，似乎毫无生命迹象。真是这样吗？

火星的卫星

火卫一（又名福波斯）和火卫二（又名戴摩斯）是火星的两颗卫星，它们环绕着火星运行，火星被认为是罗马神话中的战神马尔斯，因此这两颗卫星便以他的双胞胎儿子命名。这两个形状不规则的卫星来历不明。一种理论认为，它们曾是小行星，后来被火星所捕获；另一种理论则认为，它们是某种天体撞击火星后形成的。

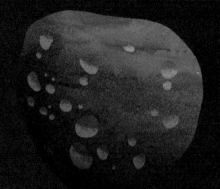

火卫一

每过一个世纪，火卫一都会离火星更近一点，这意味着，有一天它可能会壮烈地撞击火星！

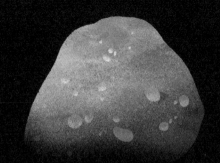

火卫二

火卫二的个头比火卫一小得多，与火星的距离比火卫一远得多。

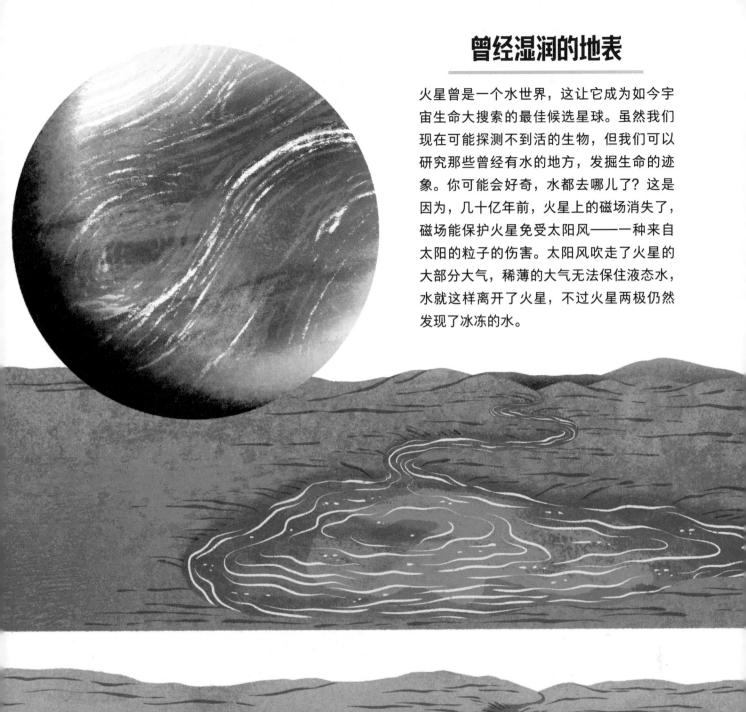

曾经湿润的地表

火星曾是一个水世界，这让它成为如今宇宙生命大搜索的最佳候选星球。虽然我们现在可能探测不到活的生物，但我们可以研究那些曾经有水的地方，发掘生命的迹象。你可能会好奇，水都去哪儿了？这是因为，几十亿年前，火星上的磁场消失了，磁场能保护火星免受太阳风——一种来自太阳的粒子的伤害。太阳风吹走了火星的大部分大气，稀薄的大气无法保住液态水，水就这样离开了火星，不过火星两极仍然发现了冰冻的水。

杰泽罗陨石坑

NASA 的"毅力号"火星车，正在探索火星上的杰泽罗陨石坑。这处陨石坑曾是一片湖泊。坑里有些岩石已有 36 亿年历史。这也是做研究的绝佳地点，从陨石坑可以了解到，是否曾有生命生活在火星湖中。

里面有什么?

想要模拟火星生态，科学家需要大量材料。第一种材料是两种气体——二氧化碳和氮气，它们是组成火星稀薄大气的主要成分。接着，他们要造出火星土壤。最后，他们要放入微小的微生物当作测试对象。通过研究微生物对环境的反应，科学家将更加了解哪种生命形式才能在火星上生存。

火星罐

　　第一个太空生物实验是"火星罐实验"。实验方法十分巧妙，科学家用一些简单的容器，模拟出火星环境，再放入地球上微小的微生物，观察它们与环境是如何互相影响的。这些罐子有点像栽培植物的玻璃容器。如今，火星罐已更新换代成了更大的房间，科学家能在里面重现火星上的环境，如果需要，还可以调节温度或大气。科学家终于有条件做一些探索火星生命的深度实验了。

20 世纪 50 年代的实验

1953 年，一位教授在家中的厨房里，发明了世界上第一个火星罐。随后几年里，有更多人在实验室进行了类似的实验。

海盗号的突袭

"海盗号"项目是 NASA 第一次让探测器成功降落在火星上。它们在这颗行星上寻找生命迹象，也可以说寻找"生物征迹"。这是天体生物学领域的突破性时刻！1975 年，两个海盗号探测器发射升空，1976 年抵达火星，它们可以拍摄火星上的照片，还能进行一些实验。

轨道器和着陆器

海盗号探测器由两部分组成：一个环绕火星飞行的轨道器和一个抵达火星地面的着陆器。轨道器主要负责拍摄照片，在选定着陆器落地位置时，它也起到了关键作用。

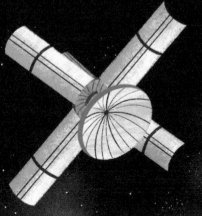

伞降着陆

当着陆器几乎快要降落到火星地面时，会打开降落伞，以降低自身速度，保证着陆器降落在火星表面时是完好无损的！

在火星地表

海盗 1 号着陆器拍摄了人类历史上第一张火星表面的近距离照片，这是太空探索史上的里程碑时刻。它接下来又通过分析火星上的土壤，来开展火星生物学研究。人们希望这些实验能证实火星上有生命存在，但结果却是没找到生命迹象。

启动发动机

在旅程最后阶段，着陆器会与降落伞分离。为了进一步减速，着陆器会启动三个小型发动机，利用发动机点火产生的反冲力来降低速度。

寻找
火星人

毅力号火星车

2021 年，NASA 的毅力号火星车（也叫漫游车），终于登陆了火星。它的任务是什么？当然是为了寻找远古生命的蛛丝马迹，把收集的岩石样本带回地球，再拿给科学家研究。毅力号如今正待在杰泽罗陨石坑附近，这里曾是河流三角洲和一片湖泊的所在地。

1 超级相机

这台设备可以对火星上的岩石发射激光，同时分析它们的物质成分。

2 桅杆变焦相机

桅杆变焦相机是毅力号火星车的主成像系统，可以拍摄全景立体图像。

3 火星环境动态分析仪

这套设备就像一个气象站，可以测量风速、风向、湿度、温度和气压。

4 火星次表层雷达成像仪

这种雷达可以扫描火星地表之下的地层。这也是第一台被送到火星的雷达设备。

直升机助手

灵巧号直升机是毅力号火星车的工作伙伴。在飞往火星途中，灵巧号一直藏在毅力号火星车的腹部。登陆火星几个月之后，它才开始第一次飞行。灵巧号之所以登陆火星，是因为可以帮助工程师们了解另一个星球上的飞行原理。因为火星的大气非常稀薄，所以直升机必须既轻便又结实。研究这项技术，将为未来的科学任务铺平道路！

探索火星的方法之一，是利用火星车（一种机器人）将这颗红色星球的信息传回地球。这些火星车可以涉足人类无法涉足的地方，在人类无法生存的地方工作，还能进行有效的实验。火星车已执行了很多任务，未来还有更多任务需要执行。这些机器人已接管了整个火星！火星为什么会如此贫瘠，显得毫无生机呢？过去的任务一直在试图找出答案。到了今天，火星车的主要任务是寻找远古生命留下的痕迹。

5 火星氧气制造实验仪

这个工具帮助我们了解如何在火星上制造出氧气（火箭的燃料和人类呼吸都需要氧气）。

6 夏洛克光谱仪和沃森相机

这两台仪器会一起工作，共同寻找火星岩石中的生命迹象。

7 X 射线岩石化学分析仪

这种仪器能发射 X 射线扫描岩石，甚至还能看见一粒沙子那么小的东西！

8 车轮

毅力号有六个坚固的铝制车轮，每个车轮都配了单独的马达。

火星上的人类

人类登陆火星的任务，听起来就像科幻电影中的情节，但如今，科学家和工程师们正在努力让这件事变成现实。目前，定居在这颗红色星球上的机器人们，正做着一项不可思议的工作，这项工作让我们对火星的历史有了更多了解。实际上，地球上的人类可以大大加快机器人在火星上寻找生命的速度！现在的目标是，大约在21世纪30年代，完成首次载人登陆火星任务。

火星之旅不会只有单程票！我们还要设计一款火箭，让它把航天员安全送回地球。

航天员们和机器人一样，也渴望知道火星岩石的内部成分。

终日努力工作

火星之旅可不仅仅是一段逃离地球的假期。航天员团队每天都要努力做实验，因为地球上的人们都在等待他们的实验结果！

长期生活

人类比机器人有更多生存需求。这项载人登陆火星的任务，可能会持续好几年，所以我们要知道怎样为航天员团队提供充足的食物、水和氧气，还要想想怎样让他们离开家园后，仍能开开心心。

无人机将会帮航天员们探索火星上难以涉足的区域，比如洞穴。

航天员团队的基地，会保护他们免受火星恶劣环境影响。

航天员们可以远距离操控无人机。

火星车将帮助航天员团队探索火星表面。

谷神星

谷神星是一颗矮行星，位于小行星带内，它是太阳系中含水量最丰富的天体之一。科学家在谷神星检测到水的存在，都很想知道它是否有地下海洋。谷神星会是地外生命的家园吗？

矮行星

1801 年，科学家发现谷神星后，把它归类为行星。这种误解持续了半个世纪，它又被重新归类为小行星。2006 年，科学家再次改变想法，因为谷神星质量和个头都较大、接近球形，且未能清空轨道附近的其他物体等，所以认定它是一颗矮行星！

小行星带

小行星带位于火星和木星的轨道之间。小行星带是许多小行星的家园，其中一些小行星含有大量水。很久以前，可能正是这些岩石碎块把水带到了地球上，点燃了生命起源的火花。这意味着，研究小行星带，对于弄清我们人类是如何诞生的具有重要意义。

小行星带

谷神星探测任务

2015 年，NASA 的黎明号探测器，成为第一个探访谷神星的航天器。在谷神星上，它探测到由水蒸气形成的稀薄大气。科学家认为，大气是由地表冰火山喷发出的水和冰形成的。黎明号在环绕谷神星运行时，没发现任何生命存在的迹象。

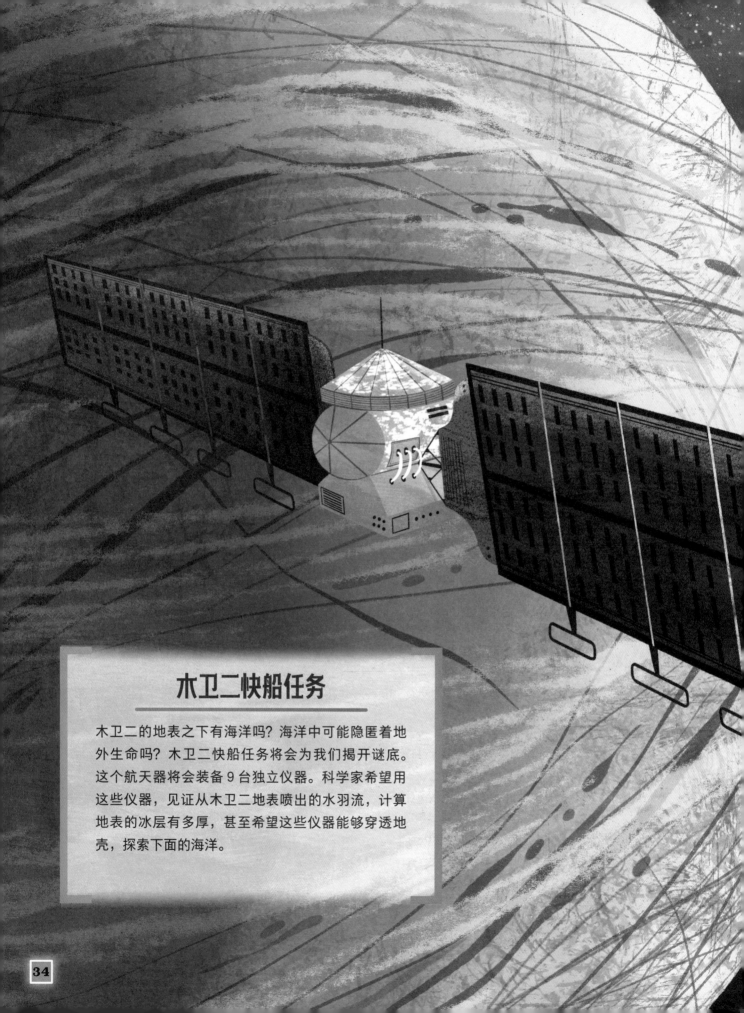

木卫二快船任务

木卫二的地表之下有海洋吗？海洋中可能隐匿着地外生命吗？木卫二快船任务将会为我们揭开谜底。这个航天器将会装备9台独立仪器。科学家希望用这些仪器，见证从木卫二地表喷出的水羽流，计算地表的冰层有多厚，甚至希望这些仪器能够穿透地壳，探索下面的海洋。

木卫二的
冰冻世界

当继续探索地外生命时，我们抵达了主要由气体组成的巨大行星——"气态巨行星"的地盘。第一个遇到的是太阳系中最大的行星——木星。每三天半，木卫二就会绕着木星飞奔完一圈。乍一看，木卫二只不过是个满身划痕的冰球，不过在它坚硬的冰壳之下，可能隐藏着什么东西。

木卫二与木星的距离相当近，因此它一直受到这颗巨大行星的引力影响。当靠近木星时，小小的木卫二被挤压得更小了，当再次远离木星时，它又会恢复正常。这种变化使它的内部产生了热量，这种热量可以融化坚冰，这意味着，木卫二的冰层下面可能隐藏着液态海洋！

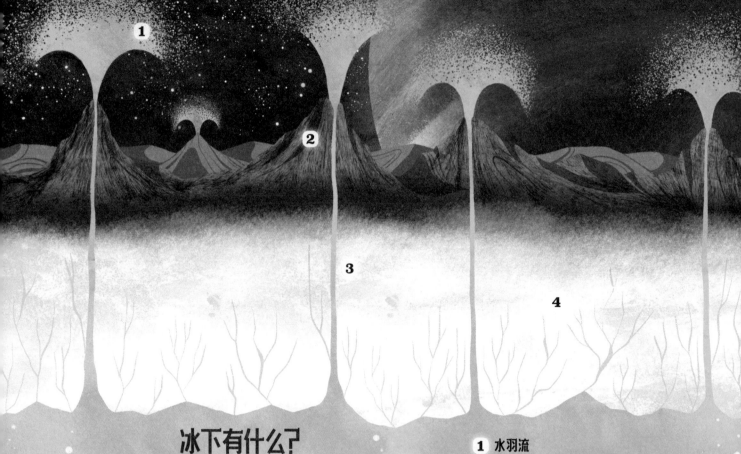

冰下有什么?

科学家估计,木卫二海洋的水量是地球海洋的两倍!虽然还不清楚木卫二海洋的真实情况,但科学家预测,这会是一片拥有岩石海床的深海。他们最大的愿望是找到生命,哪怕找到一个微小的生命也好。我们在宇宙中是孤独的吗?只需一个小小的微生物,就足以解答这个古老的问题。

1 水羽流

从哈勃空间望远镜的发现,推测木卫二上可能存在喷射水流的间歇泉。如果真是这样,那么我们不必挖穿木卫二的冰冻外壳,也能研究它的海洋了。

2 冰火山

木卫二上的火山,与我们了解的喷涌炽热岩浆的火山不同,它们可能会向天空喷射水蒸气。这类火山叫作"冰火山"。

3 狭窄的通道

冰壳之下的压力,可能会在冰壳中挤压出裂缝。这时,水就会沿着狭窄的裂缝喷出地表。

4 厚厚的冰壳

木卫二的冰壳厚度估计在 15~25 千米之间,比珠穆朗玛峰还高得多!

5 幽深的海洋

据估计,木卫二的海洋深度大约是地球海洋最深处的 10 倍。

深海热液喷口

人们觉得，木卫二具备生命赖以生存的两个必需条件，那就是水和有机化合物。生命存在还有一个必需条件，就是生物赖以生存的能量来源。地球上有一种"深海热液喷口"，可以为生物提供能量。这种构造既能散发热量，又能喷出富含营养的水流。我们已经见识到，生命在这种炎热环境中蓬勃发展，所以科学家希望在木卫二上也能找到类似的构造！

地外生命

科学家猜测，生活在木卫二海洋中的地外生命，都是极小的微生物，不过它们或许已经进化成了更复杂的生命形式。这些地外生命可能是生物发光体，在黑暗中自己就能发出亮光。又或许，它们像海豚一样用声音辨别方向，为自己"导航"。木卫二上的生命或许与我们想象的完全不同，有无穷无尽的可能性。

土卫六之谜

土卫六是具有明亮环带的气态巨行星土星的一颗卫星，在我们的宇宙中，土卫六显得独一无二。土卫六是目前已知唯一一个拥有厚厚大气的卫星，上面的大气就像朦胧的金色烟雾，而且和地球大气一样，主要由氮气组成。科学家认为，土卫六的地表之下隐藏着一片海洋（你可能注意到了，这是一个共同的主题！）。关于土卫六，有一件事令人激动无比。土卫六是太阳系中，除地球之外，唯一有湖泊、河流和海洋的地方。

不寻常的湖泊

卡西尼－惠更斯号探测器，在土卫六地表发现了各式各样的液态物质。但是这些湖泊和海洋中并没有水，而是充满液态甲烷和乙烷。其中最大的海洋足有几百米深，很可能存在地外生物！我们知道的所有生命，都要依靠水才能生存，但我们在土卫六上的发现，很可能会改变这种想法。

雨天

在过去的任务中发现，土卫六的天气模式与地球很像，甚至会下雨！但从天而降的不是水，而是液态甲烷。在特定光线照射下，土卫六上会出现美丽的彩虹。这是太阳系中除地球之外，唯一有彩虹的地方。

蜻蜓号

蜻蜓号是一架无人机探测器，它将在 2034 年到达土卫六，然后进行多次飞行，并采集各类样本。

沙丘

土卫六是一个沙漠世界。在土卫六赤道附近（中部地带），绵延着大片被风雕琢的沙丘。

土卫二之旅

冰冻的卫星

土卫二结冰的地表，反射了大约 90% 的阳光，这使它成为太阳系中最亮的天体之一。土卫二的地表确实非常非常寒冷。

土卫二是一颗小小的卫星，第一眼看去荒无人烟。它围绕土星运行，表面像其他天体一样布满陨石坑和裂痕。然而，一旦你开始深入研究它，就会发现，这颗冰卫星是我们在太阳系中寻找地外生命的绝佳候选者。2005 年，卡西尼号探测器经过土卫二时，目睹了上面的火山喷出液体和冰晶。

卡西尼号飞过冰火山喷出的羽流，探测到了大量有机分子，它们是生命必需的组成部分。正因如此，土卫二成了地外生命搜寻者的最爱。

造环者

土星最具标志性的特征之一，就是它壮观的光环，这些光环是由大块的冰和岩石构成的。土卫二上冰火山喷出的物质，为其中一个土星环"E 环"的形成提供了助力。因此，通过研究 E 环，我们对土卫二内部的海洋也会有更多了解。

地下海洋

科学家认为，土卫二也拥有一片地下海洋。在穿越土星 E 环时，卡西尼号探测到了一种叫作"二氧化硅"的微小颗粒。这个发现让科学家相信，土卫二的海床底部存在热液喷口。这些喷口可以为地外生命提供生存所需的能量。由于土卫二厚厚的冰壳挡住了照进海洋的阳光，所以土卫二上的生命很可能视力非常差。

鸟神星

这是柯伊伯带中第二明亮的矮行星。

阋神星

阋神星是目前我们发现的直径第二大的矮行星，仅次于冥王星，因此科学家曾一度认为，它是太阳系的第十颗行星。但事实证明，阋神星并非行星，而是一颗矮行星。太阳系只有八大行星，冥王星已被"开除"出太阳系的行星队伍。

海王星之外

创神星

科学家在创神星表面发现了"水冰"，可能是冰火山喷发带来的。

冥王星

冥王星是柯伊伯带最著名的天体！科学家把它从行星降级成了矮行星，这让冥王星的心被击得粉碎。

遥远的邻居

柯伊伯带的形状就像一个甜甜圈，它与太阳的最近距离约为 30 天文单位（AU）。1 天文单位（1AU）等于地球到太阳的平均距离。人们认为，这个遥远区域内的天体是太阳系形成时的残留物。在银河系中，科学家也在其他恒星周围发现了与柯伊伯带类似的圆环。

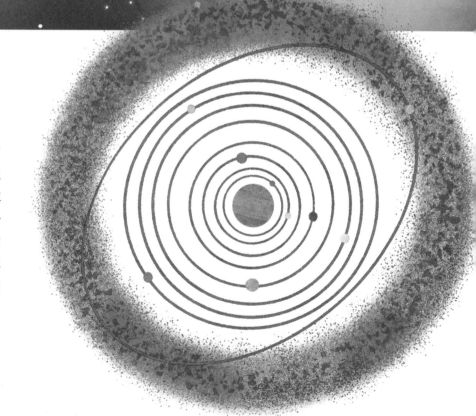

海王星并不是太阳系的尽头！在海王星轨道外侧的柯伊伯带上，还有数量巨大的天体在轨道上运行着，这些天体包括小行星、彗星等。这些超出海王星轨道范围的天体，叫作海外天体（英文缩写 TNO ）。在海王星轨道之外运行的小行星和彗星，可能在地球历史早期曾与地球发生过碰撞，为生命的进化提供了必要原料。

亡神星

亡神星是一个海外天体，它还拥有自己的卫星"亡卫一"。

妊神星

这颗矮行星绕着它的"轴"高速旋转，旋转的力量改变了它的形状，让它变成了椭圆形！

赛德娜

这个遥远的天体绕太阳公转一圈要花费 11 400 年！

新视野号

新视野号是第一个被送去研究冥王星和柯伊伯带其他天体的探测器。2006 年，新视野号发射升空后，飞行了近 10 年才抵达冥王星。新视野号带来了冥王星的突破性消息，比如冥王星可能有一片蕴藏地外生命的地下海洋（又一个有地下海洋的星球）。如今，它正航向柯伊伯带更深处，探索那些从未见过的遥远天体。

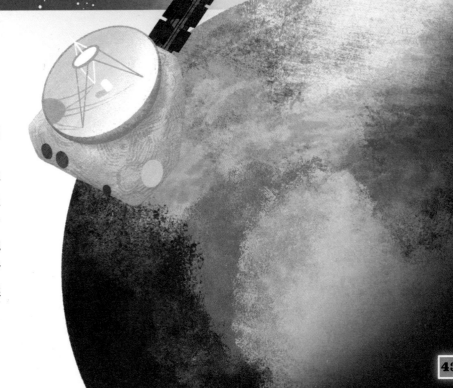

阿雷西博
信息

1974 年，科学家认为，是时候尝试与外星人接触了。于是，他们精心设计了"阿雷西博信息"，并把它发送到太空里。这条信息包含了地球上的生命信息，任何外星人都可以聆听里面的内容。但……迄今为止，我们还没收到任何一条回复！

抛物面天线

阿雷西博射电望远镜位于波多黎各的一个天坑中。它曾是世界上最大的单口径射电望远镜，多年来一直在为天文发现做着贡献。但运行了几十年之后，阿雷西博射电望远镜在 2020 年垮塌了。

目的地

阿雷西博信息计划发送到武仙座球状星团 M13 上，它距离我们约 25 000 光年。这些信息以光速在太空中传播，这意味着，要花费大约 25 000 年才能到达那个星团！

信息

阿雷西博信息是由著名的天体物理学家设计完成的，其中就有弗兰克·德雷克和卡尔·萨根。射电信号包含如下几部分信息，分别表达了人类信息、我们在宇宙中的位置，还有地球上的化学元素等。信息是像下面这样分开记录的（希望外星人能读懂它的意思）。

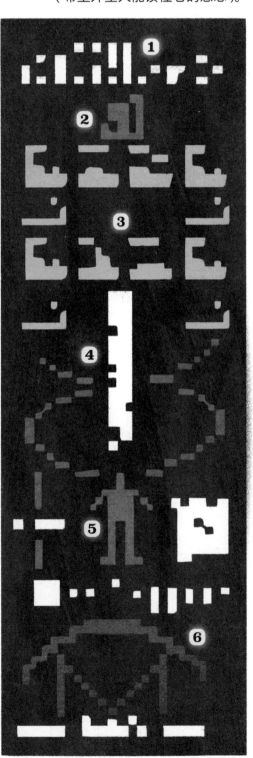

1 数字

这部分表达了人类是怎样计数的。天体物理学家列出了从 1 到 10 的数字。

2 元素

这部分代表氢、碳、氮、氧和磷元素，是 DNA（脱氧核糖核酸）的组成元素。DNA 是地球上生命的遗传物质。

3 DNA

这部分代表构成 DNA 的基本结构。

4 双螺旋

这是 DNA 分子的形状。

5 人类

中间红色的代表地球上男人的形态！右侧是 1974 年地球的人口数，左侧是男性的平均身高。

6 太阳系

接下来是太阳系（当时冥王星还是太阳系行星家庭的一员）的示意图，上面还标出了地球的位置。下方是阿雷西博射电望远镜。

"聆听" 群星

甚大阵射电望远镜

甚大阵射电望远镜（英文缩写VLA）位于美国新墨西哥州。它由 27 个抛物面天线组成，排列呈 Y 形。地外文明搜寻协会，2020 年与甚大阵射电望远镜合作，展开了地外文明的搜寻研究。

重新排列

为了满足不同的探测需求，这些天线全都可以移动位置。运输车会拖拽着天线在铁轨上移动，把它们挪到新的位置。

现在有许多研究如何寻找地外文明的科学家团体。地外文明搜寻协会一直在用特制的射电望远镜向太空发送信息，还会监听一切传回地球的无线电信号。科学家认为，既然人类科技会产生大量无线电信号，那么外星科技可能也会产生同样的无线电信号！

艾伦望远镜阵列

艾伦望远镜阵列（英文缩写ATA）是由42个抛物面天线组成的，在同类望远镜中，它是第一个为地外文明搜寻协会的研究专门设计的望远镜阵列。它位于美国加利福尼亚州。

扩大阵列

艾伦望远镜阵列最初计划分4个阶段建成，从42个抛物面天线开始，慢慢扩大规模，直到组成一个拥有350个抛物面天线的阵列。不过，筹措资金成了一个难题！

亲爱的外星人

人类总是对外星人这类事件，充满无穷无尽的好奇。我们愿意尽一切所能与宇宙中的陌生外星人取得联络，为了让外星人了解地球上的生命是什么样的，我们还发出了信息！20世纪70年代，在先驱者号探测器的任务中，人类向太空发出了信息。这个创意后来演变成一个更大的项目，其中就有旅行者号任务和它们携带的著名金唱片。

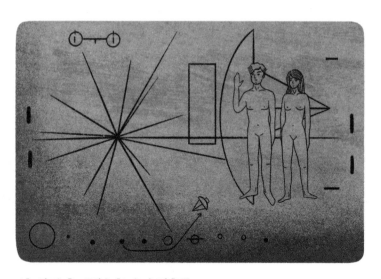

先驱者号镀金铝板

先驱者号的任务是人类有史以来第一次计划离开太阳系。由于要冒着风险进入未知区域，科学家决定在探测器上放一块铝板，以向遇到它的地外生命表达问候。这块镀金铝板上刻着一男一女的图画、一个化学相关的示意图、太阳系的一些信息，还有先驱者号探测器计划飞行的路线。

旅行者号的任务

两个旅行者号探测器首次探索了太阳系的一部分区域，比如天王星和海王星。旅行者号也是第一批进入星际空间（太阳系以外区域）的探测器。1977年，旅行者2号和旅行者1号相继发射升空，直到今天，虽然已在几百亿千米之外，它们仍在向地球传输着数据！旅行者号的任务预计在2025年结束，因为那时，探测器将无法再为它们的电子仪器供电，不过，它们仍会在银河系中继续旅行上千年。

漫长的旅途

旅行者1号和旅行者2号被送入太空，是为了探索更多关于"气态巨行星"木星和土星的信息。旅行者2号还飞掠了"冰质巨行星"天王星和海王星。

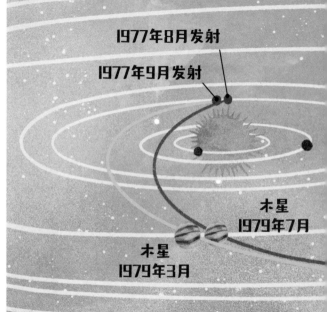

1977年8月发射

1977年9月发射

木星
1979年7月

木星
1979年3月

金唱片

每个旅行者号探测器上，都装了一张讲述人类故事的金唱片。金唱片涵盖了日常生活的图像、各种声音（比如右侧蟋蟀、蛙等发出的声音），还有用 55 种不同语言说的问候语！

蟋蟀和蛙

大象、鬣狗、鸟

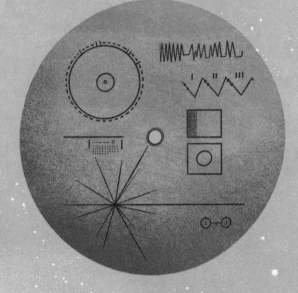

拖拉机

管弦乐器

旅行者1号

旅行者2号

海王星
1989年8月

天王星
1986年1月

土星
1981年8月

土星
1980年11月

外星科技

如果你等外星人回复信息已经等得不耐烦了，可能还有其他寻找地外文明的方法，而且就算待在地球上也能实现，这些方法可以大大缓解你等待的焦虑。有一种方法是寻找外星科技的印记，或者叫作"技术征迹"。这些技术印记，可能来自先进的宇宙飞船、受到污染的行星或巨型外星建筑工程。可能几光年外，就探测得到这些技术印记，它们可以提示我们，别处有什么类型的地外生命。

戴森球

科学家认为，先进的地外文明很可能有能力建造一种叫作"戴森球"的装置。这个巨大的结构能够包裹住一颗恒星，还能获取恒星产生的能量。许多人猜测，"塔比星"就用到了这项科技。这颗星偶尔会变暗，而且明暗变化不固定，这很可能是戴森球导致的。不过，不少天文学家反对这种说法，他们认为尘埃云才是恒星随机变暗的真正原因。

大气受到影响的行星

地球上人类的行为会影响地球的大气。如果外星人像人类一样，那么他们很可能也在做同样的事。科技的发展会使外星人释放出特定的气体，这些气体就算在外太空也能被探测到，我们可以用强大的太空望远镜观测太阳系外行星的大气，来寻找这类气体。不过，要清楚一点，就算找到这类气体，也不意味着就有地外生命。

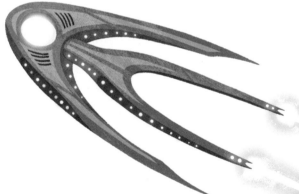

宇宙飞船

先进文明需要能够远距离飞行、速度奇快的宇宙飞船。想启动这种宇宙飞船，要消耗大量能量，这些能量发出的信号，跟宇宙中任何自然信号都不同，并且在地球上就能探测到。这种探测方法很可能能确定外星人是否存在！

彗星出租车

　　含有冰冻物质的彗星，时常在太空中飞驰而过。它们可能为地球带来了开启生命的化学物质。不过，有没有可能，彗星包含的物质不止这些呢？有没有可能，彗星本身就携带着生命，当它们撞击地球时，就将生命留在了地球上呢？地外生命被彗星和流星体运送到了宇宙各处，人们把这种想法称为"生物外来论"（或"有生源说"）。不过，不是所有人都相信这个理论！

有趣的尾巴

人类观测到的彗星大多有尾巴。你可能以为，彗星的尾巴是自己喷射出来的，就像宇宙飞船在做太空旅行，其实并不是这样。彗星像行星一样，都围绕太阳运转。当彗星靠近太阳时，它们的彗尾就会变大，而且是朝着太阳散发热量的方向流动，所以彗星的彗尾总是指向背离太阳的方向。

理论缺陷

让我们假设地球上第一种生命形式，来自一次彗星撞击。那么，为什么这种生命形式没有散播到宇宙其他地方呢？彗星的撞击遍布整个太阳系，这意味着彗星应该也把生命带到了其他地方。但众所周知，我们还未曾在太阳系中地球以外的地方发现地外生命。"生物外来论"存在的另一个问题是，现在的流星体落到地球上，应该为地球带来更多地外生命，但我们没发现任何地外生命。"生物外来论"为我们带来的问题，比它能解答的问题多得多！

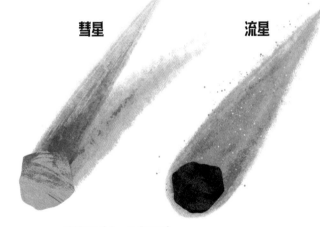

彗星　　　　　　流星

彗星与流星

彗星后面一般拖着由气体和尘埃组成的彗尾；流星是指那些进入地球大气的流星体，与大气摩擦、燃烧产生的发光现象。

强大的"乘客"

不是所有生命形式都能搭上彗星的顺风车。"生物外来论"提出，只有足够强大的生物才能承受外太空的极端条件。

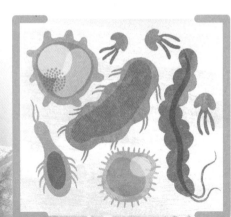

系外行星系统

当深入探究我们的星系时会发现，其实还有不少围绕其他恒星运转的新世界。太阳系外的行星系统的形状和大小各不相同，遍布整个银河系。1995年，人类发现了第一颗围绕"类太阳恒星"运行的行星，如今，20多年过去了，天文学家已经发现了近5 000个这样的新世界！这些世界被称为"系外行星"，假如宇宙其他地方有生命，那么很可能就在这些系外行星上。

外星世界

你可能会把"系外行星"想象成完全陌生的外星世界。虽然一部分系外行星的确很不同，但还有不少系外行星与太阳系中的行星十分相似！有些可能布满岩石和山丘，另一些则遍布着含水的湖泊。有了这些共同点，天文学家将更了解太阳系外的行星是怎样形成的，还能判断它们成为地外生命家园的可能性。

双星

实际上，拥有两颗恒星的双星系统十分常见！

系外行星的种类

不是所有系外行星都长得一模一样。有些系外行星可能表面覆盖着岩石，能够孕育生命。有些系外行星则是一片海洋世界，或是冰冻的气态星球，就像在我们太阳系中看到的一些行星那样。还有些系外行星是"游荡者"，它们从不围绕恒星运行，终日在星系中自由自在地游荡！科学家将系外行星大致分为四个类别。

类地行星

与我们太阳系里的类地行星十分相似。它们和地球的大小类似，有些比地球更小一点，地表可能有水和大气。

超级地球

这是一个按体积大小划分的类别。这类行星比地球大得多，但比海王星小很多。尽管被称为"超级地球"，但它们可能不是跟地球一样的岩质行星。

类海王星行星

你可能已经猜到了，这种类型的行星，与"冰质巨行星"海王星很相像。它们都是拥有岩质内核的气态行星。

气态巨行星

这类行星的体积和木星一样非常大，有些甚至比木星更大。它们大多有大气。这类行星中有一种叫作"热木星"，它们的运行轨道非常靠近它们的主恒星，所以表面温度也相当高。

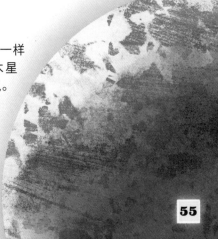

探索系外行星

天文学家们用功能强大的望远镜，在太阳系外寻找那些许多光年之外的行星。不过，这些系外行星比恒星小得多，所以很难发现它们！因此科学家必须用其他方法寻找这些行星，并弄清它们是由什么构成的。除了银河系的系外行星，我们最近可能在另一个星系里，也找到了一颗行星！寻找这些遥远的天体，对于探索地外生命至关重要。随着我们找到越来越多可能存在地外生命的行星，发现外星人的概率也增加了。

凌星法

当一颗行星从一颗恒星前方经过时，恒星的亮度会因行星遮挡而微微减弱。这是寻找遥远系外行星的一个绝佳方法。通过测量减弱的亮度，我们可以知道行星的大小、与恒星之间的距离，甚至行星表面的温度！

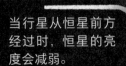

当行星从恒星前方经过时，恒星的亮度会减弱。

其他方法

虽然科学家用凌星法，已经找到很多系外行星，但这种方法也有缺点。其中一个缺点是，观测方法准确性不高，因为恒星每次亮度下降，并不一定都是行星经过引起的。为了避免这个问题，天文学家们还会用其他方法寻找系外行星。

1
天体测定法

一颗行星的引力，会使它的主恒星轻微摆动。科学家可以在不同时间测量恒星位置的变化，来探索周围是否有行星。

2
径向速度法

也叫多普勒频谱法，恒星在摆动时，它发出的光的颜色也会不断改变。如果科学家能观测到这一点，他们就很可能能找到一颗系外行星。

3
直接成像法

虽然难度有点大，但这种方法极有可能真正观测到系外行星。想做到这一点，天文学家必须先找到一种方法，屏蔽掉恒星发出的光芒。

4
微引力透镜法

行星的引力可以让主恒星发出的光芒更加聚集，这会让恒星看起来，似乎一瞬间变亮了。如果观测到这种现象，那么这颗恒星周围很可能有行星。

太空望远镜

你可能没什么感觉，但实际上，地球大气一直在保护你免受那些来自太空的有害辐射。不过，这对天体物理学家来说却有点困扰，因为他们很想研究那些被大气挡住的辐射！好在只要把望远镜放入太空，就可以帮科学家解决这个问题。这些太空观测站，让我们能够走出太阳系，探索外面的世界，还为我们寻找宇宙中的生命提供了帮助！

天空之眼

自从1990年，哈勃空间望远镜发射升空后，在天文学和天体生物学方面，已经取得了突破性的科研成果。光线进入望远镜，被镜面反射后，会聚焦到特殊的仪器中进行分析。哈勃空间望远镜为我们带来了太阳系内行星的信息，还有银河系里那些遥远世界的信息。

哈勃空间望远镜上的太阳能电池板，可以将太阳光转化成电能，为望远镜上的仪器供电。

哈勃空间望远镜的科学仪器安装在望远镜前端。

"团队合作"

哈勃空间望远镜并不是唯一一个在太空中运行的望远镜。一支望远镜大军正绕着地球轨道运行，它们都在帮助我们寻找宇宙中的生命。有了这些望远镜，我们就能观测太阳系外的行星是怎样形成的，分析系外行星的大气，还能研究更多别的课题！

斯皮策空间望远镜

这架空间望远镜可以观测天体的红外辐射。为了让望远镜正常工作，它的一部分仪器必须在极低温度下才能运行，另一些仪器则可以在相对高一些的温度下运行。

韦布空间望远镜

这架望远镜是大家公认的哈勃空间望远镜的接班人，也是人类送入太空的最强望远镜！它还将在系外行星上寻找生物征迹。

凌星系外行星巡天卫星

凌星系外行星巡天卫星（英文简称 TESS）是一架太空望远镜，为了寻找系外行星，它对超过 85% 的夜空进行了巡天观测。这架望远镜采用的是凌星法，它会在宇宙中观测那些随着时间流逝，亮度变暗的恒星。

开普勒空间望远镜

在凌星系外行星巡天卫星接替开普勒的工作之前，开普勒空间望远镜在它的一生中，一共找到了几千颗系外行星。它是迄今为止发现最多系外行星的太空望远镜！

隔壁邻居

半人马座α星A
与半人马座α星B

走出太阳系，距离我们最近的是只有几光年远的"半人马座 α"（中文名"南门二"）。它就像一位近邻，成为我们在宇宙中寻找生命的优先选择地点。如果仅用肉眼观察，它就像夜空中一个小小的光点。但当我们用功能强大的望远镜拉近看时，隔壁这位邻居就变得有趣多了！

岩质表面

一共有三颗行星环绕着比邻星运转，它们被标记为 b、c 和 d。比邻星 b 是一颗岩质行星，地表流淌着液体，很可能是宜居星球。科学家认为，比邻星 c 是一个超级地球，可能拥有土星环那样的光环。比邻星 d 是在 2020 年被发现的。

半人马座α星C
（比邻星）

比邻星b

我们有可能抵达那里吗？

如果依靠现在的技术，人类要花几万年时间，才能抵达半人马座 α。这就是我们必须开发超高速宇宙飞船的原因！

三颗恒星

半人马座 α 是一个拥有三颗恒星的"三星系统"。半人马座 α 星 A 和星 B 相互环绕运行，星 C（也叫"比邻星"）则在更远的地方，环绕这两颗恒星运行。

大小对比

半人马座 α 星 A 几乎是太阳的宇宙复制品，只是比太阳更大、更亮一点。半人马座 α 星 B 与星 A 很相似，但小一点、暗一点。星 C 比星 A、星 B 都要小得多，但它更靠近我们的太阳系。

太阳

半人马座α
星A

半人马座α
星B

半人马座α
星C

半人马星座

你可以在半人马星座中找到半人马座 α。

特拉比斯特 -1

"特拉比斯特 -1"一举成名，因为科学家发现，在这个系统内部有 7 颗地球大小的行星正围绕着 1 颗恒星运转。其中有 6 颗行星表面可能存在液态水，有 4 颗行星位于这个系统的宜居带里。特拉比斯特 -1 让科学家心情激动，因为它让我们更清楚银河系中有哪些和地球类似的行星，也更了解它们是否有供地外生命生存的环境。

岩质行星

科学家认为，特拉比斯特 -1 的行星都是岩质的，它们并不是在主恒星附近形成的，而是在遥远的地方形成后，才慢慢靠近了主恒星。这个系统，是除了太阳系以外，我们研究最多的天体系统！

特拉比斯特 -1c

这颗行星和金星一样，拥有厚厚的大气。

特拉比斯特 -1f

科学家推测，这颗行星的水含量可能比地球还多！

特拉比斯特 -1d

这颗小小的系外行星，位于这个系统的宜居带边缘。

特拉比斯特 -1e

科学家认为，这可能是目前发现的最宜居的系外行星之一！

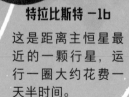

特拉比斯特 -1b

这是距离主恒星最近的一颗行星，运行一圈大约花费一天半时间。

远方的朋友

特拉比斯特 -1 位于宝瓶座，距离我们大约 40 光年，这就意味着我们不能很快到达这里！这个系统的主恒星，我们单凭肉眼是看不到的，要用功能强大的望远镜才看得清。

小型系统

特拉比斯特 -1 里的行星，排列得十分紧凑，哪怕是太阳系里离太阳最近的行星水星，它的轨道里面也足以装下这一整个系统！这些行星彼此靠得非常近，在任意一个星球抬眼望去，都可以清晰地看见其他行星。

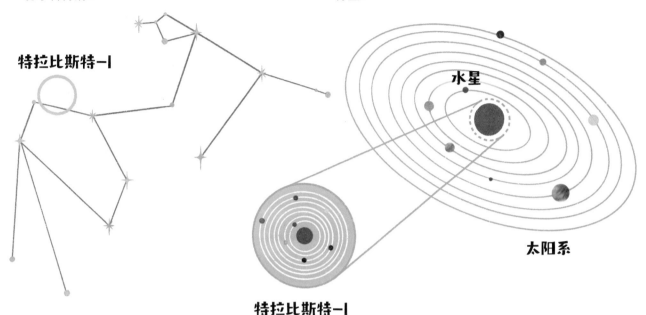

特拉比斯特 -1

水星

特拉比斯特 -1

太阳系

特拉比斯特 -1h

科学家认为，这颗行星太寒冷了，上面不会有任何地外生命。

特拉比斯特 -1g

这颗行星可能拥有全球性海洋和富含水蒸气的大气。

生物外来论

由于这些行星之间靠得非常近，这就让"生物外来论"在特拉比斯特 -1 中有了可能性。彗星和流星体或许将地外生命从一个行星带到另一个行星上，这种理论大大增加了这里存在生命的概率。

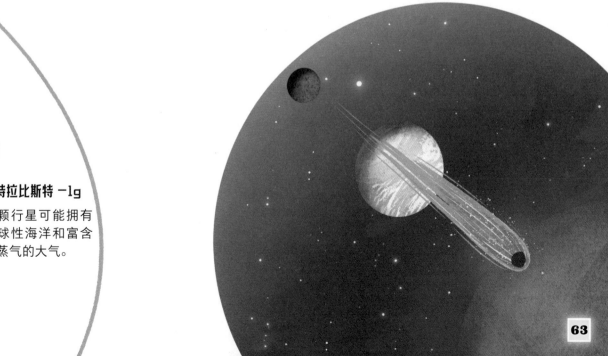

星际旅行

当我们把目光移到太阳系外的行星，想从它们中寻找地外生命时，怎样才能抵达它们，成了至关重要的问题。距离我们最近的恒星（除了太阳），足有几十万亿千米远，如果不想把一生时间花在一次宇宙旅行上，我们必须设计出一款速度足够快的宇宙飞船才行。如果我们希望人类有一天能绕着太阳以外的恒星运行，那么星际旅行就是我们唯一的希望。科学家已经提出了一些创意，或许能让我们以接近光速的速度进行星际旅行。

曲速引擎

光在真空中传播的速度，叫作"光速"。光速大约每秒 30 万千米。曲速引擎可以让宇宙飞船以超光速前行。

光帆

光帆可以利用恒星发出的光或激光，推动自身前进。其中激光是更好的选择，因为光帆不一定总能靠近恒星，获取前进所需的能量。光帆的"燃料"是光，因此它们不用随身携带沉重的传统燃料。

星际访客

虽然星际飞船还是未来设想，但我们已经发现了前来拜访太阳系的星际访客。"奥陌陌"是我们发现的第一个星际访客，它在 2017 年匆匆来到，又匆匆离开。它最初被认成一颗彗星，但数据显示，它并没显现出彗星的特性。科学家认为，奥陌陌可能是一颗被撕裂行星的残骸，或是一种全新类型的天体。

利用电能

这种推进系统是利用电能为宇宙飞船提供动力。虽然与其他系统相比，电能推进系统加速需要花费更长时间，但如果与其他星际旅行的方式相结合，工作起来会事半功倍。

利用核能

核能既可以在地球上产生能量，也可以用来为宇宙飞船提供动力。原子是构成世间万物的一种微小粒子，别看原子很小，当原子核裂变时，它们却能释放出无比巨大的能量。

祖辈

祖辈是飞船的初代成员，他们会把地球上的生命知识传授给后代。

父母辈

飞船上的父母辈，每天都要维护飞船的正常运行，还要肩负起生育和抚养下一代居民的责任。

需要食物的航天员

为了让几代人能够在宇宙飞船上生存下去，需要源源不断的新鲜食物。现在，科学家正在研究太空农业，想要在没有重力的环境下种植农作物。

世代飞船

　　超高速是实现星际旅行的一种方法，但实际上，我们还有另一种方法，能够飞向宇宙，寻找外星人。这个方法就是打造一艘"世代飞船"，它将成为人类世世代代生活的方舟。宇宙中有许多要花费大量时间才能到达的地方，只要有一艘可供几代人生活的飞船，人类就能抵达这些目的地。飞船上的一些人，也许从未在地球上生活过！如果造这样一艘世代飞船，需要考虑的关键问题是，如何解决航天员未来的生存问题。

孙辈

飞船上的孙辈将会在太空中出生，如果他们在有生之年抵达目的地，就会成为第一批踏上系外行星的人！

目标一致的航天员

在地球上，不同年龄层的人可能有不同的梦想，但在世代飞船上，每个人都要朝着同一个目标努力，这是非常重要的一点。如果一些航天员（年轻一代）并不想完成这个任务，你要如何改变他们的想法呢？

我们正被监视吗？

1950 年，物理学家恩利克·费米问他的同事："它们在哪里？"他说的"它们"，指的是地外生命。如果我们计算一下，宇宙中存在地外生命的可能性确实蛮大的，但人类至今都没与地外生命接触过，也没发现任何古代地外文明的遗迹。这些相互矛盾的点，汇总成了"费米悖论"。有三种或许可行的方法，可以解释这道谜题。

"外星人并不存在"

比较简单的解释是，宇宙其他地方压根就没有地外生命。这可能有各式各样的原因。也许复杂的生命，需要在极特殊环境里才能形成。又或许，地外生命曾经存在过，但它们很久以前就绝迹了——这种假设让地球上的生命显得更珍贵了！

"智慧生命存在，但故意不理我们"

有一种可能性是，地外智慧生命的确知道我们人类存在，但却一直避免与我们接触。它们此刻或许正在监视我们！原因大概是，先进的地外文明不想干涉地球演化，或是怕一不小心污染我们的星球。

"其他地方有非智慧生命"

地球上栖居着人类和各式各样的动植物。也许宇宙其他地方也存在生命，只是它们的文明还不够发达，无法发展出先进科技。举个例子，假如有一个外星球上全都是啄木鸟，它们不联系我们也很正常。我们只能自己去宇宙中寻找它们！

我们是独一无二的吗？

我们知道复杂的生命如果想进化，需要的条件其实非常苛刻。当观察地球上的生命如何形成时，我们会发现生命的诞生必须满足很多特殊条件。难道人类的存在，只是天时、地利、人和的幸运事件吗？

稀有地球

"稀有地球假说"认为，地球上孕育生命的条件极为苛刻，宇宙其他地方不太可能具备这些条件。相信这种假说的科学家觉得，宇宙中其他地方可能会有非常简单的生命形式，但动物这种复杂的生命形式是太阳系独有的。

地球生命进化的条件

✓ **适宜的星系**
我们的银河系十分广阔，太阳系就位于银河系的宜居带上。

✓ **小恒星**
像太阳这种比较小的恒星，演化进程非常漫长，因此有充足的时间演化出适宜居住的环境。

✓ **岩质天体**
地球是岩质行星，这类天体的地表能存得住水，还能保有大气。

✓ **巨型卫星**
我们地球的巨型卫星——月亮，利用它的引力阻止地球发生剧烈晃动，为地球创造了一个稳定的环境。

✓ **时机刚好**
人类恰好在地球适宜居住的时期进化成功，成为拥有高级智慧的物种。

外星人的骨头

地球上复杂的生命，之所以能够进化成功，是因为地球形成了许多适宜的必要条件。这种苛刻的要求，让我们对找到地外智慧生命不抱什么希望。但一切还很难说，说不定未来某一天，航天员们登上另一个星球，会发现一些骨头，彻底推翻"外星人不存在"的说法！

第一次接触

　　我们可能最终会在未来某个时刻，发现真正的地外生命。那么，我们与地外生命的第一次接触会是什么样的呢？假如我们发现的是微小的微生物有机体，这可能会改变我们看待周围宇宙的方式。假如我们遇到的是比我们更聪明的物种，那么最好让它们知道，我们是为了和平而来！与地外生命面对面，会让我们意识到，人类并不像我们想象的那么独特。如果地外生命与我们熟悉的物种完全不同，我们究竟该怎样与它们交流呢？

新闻头条

如果我们发现了地外生命，这将成为全世界的新闻头条。当人们得知后，心情也各不相同。有些人认为，我们应该避免与地外生命有任何接触；另一些人则认为，与外星人接触，对我们进一步了解宇宙至关重要。你对这件事是怎么看的呢？

文明的等级

我们第一次接触的外星人，生活在一个怎样的社会呢？思考这个问题，对我们或许有很大帮助。为了解决这个疑问，苏联天体物理学家尼古拉·卡尔达舍夫，根据技术的先进程度，将文明划分成了不同等级。

一级文明

这个等级的文明，能够发掘利用行星上的所有能量和资源。人类文明还没有达到这个等级。

二级文明

这个更先进的文明等级，可以通过建造戴森球（见第50页）这类巨型工程，开发主恒星的能量供自己使用。

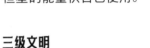

三级文明

这个充满未来感的最高等级文明，可以汲取母星系亿万颗恒星的能量，供自己所用！这类星球上的居民，还可以在星系之间自由穿梭。

未来

在这本书里，我们探索了地外生命在宇宙中可能存在的许多地方。我们在宇宙中是不是孤独的呢？现在我们已经知道啦，有一大批优秀的候选星球有希望帮我们解答这个古老的问题。

人类总是充满无穷无尽的好奇心，这意味着，寻找外星人的行动不会很快终结。在我们得到确切答案之前，科学家仍将继续寻找地外生命。这也意味着，你（没错，就是你！）有足够时间加入天体生物学的行列，为这项全球性活动做出贡献。

你永远不知道，有什么惊喜在等着我们。在一个遥远的世界，说不定就在银河系另一边，或许也有一个地外文明正试图弄清，自己是不是也一样孤独。希望有一天，群星相连，我们与外星人的世界相逢！

术语表

矮行星

环绕太阳运行的一种天体。它质量足够大，呈球形或近似球形，不是卫星，也不能清空轨道附近的区域。冥王星、谷神星和阅神星都是矮行星。

地外生命

地球以外，其他天体上可能存在的生命。

光年

光年是指光在真空中一年传播的距离。1 光年约等于 $9.460\ 5 \times 10^{12}$ 千米！

轨道

在外太空，一个天体环绕另一个天体，或者航天器环绕某个天体运行时所走的路径。

彗星

围绕太阳运行的一种天体。靠近太阳时会挥发气体和尘埃。

技术征迹

能够证明存在技术先进的外星社会的痕迹。

金发姑娘区

位于恒星周围的一片区域，这里的条件能让该区域的水以液态形式存在。

进化

生物逐渐演变，由低级到高级、由简单到复杂、种类由少到多的发展过程。

流星体

行星际空间的尘埃和小碎粒。闯入地球大气时，与大气摩擦、燃烧会产生光迹，即产生流星现象。

生物

自然界具有生命的物体。

生物外来论

生物外来论认为，生命被彗星和流星体运送到了太空各处。

生物征迹

可以证明有现存的生命存在，或已灭绝、死亡的生命曾存在过的物质痕迹。

太阳系

太阳和以太阳为中心的，在它引力下而环绕它运行的天体构成的系统。

探测器

为了研究天体或外太空，发射的一种无人航天器。

天体

宇宙里各种物质客体的统称。包括星系、星云、恒星、行星、卫星、小行星、彗星、流星体等。

天体物理学家

研究恒星、卫星和行星等宇宙天体的物理学家。

天文学家

研究天体和天体运行规律的科学家。

外星人

地球之外，其他星球上可能存在的人类。

微生物

一种微小的生物，包括细菌、放线菌等。

卫星

外太空的一种天然天体，它们会环绕行星运行。

系外行星

太阳系之外的行星。

系外行星系统

太阳系外的类似于太阳系的系统。

小行星

围绕太阳运行的一种小天体，大多分布在火星和木星轨道间，组成小行星带。

星系

不计其数的恒星、行星、尘埃和气体等在引力作用下，组合在一起形成的系统。

行星

环绕恒星运行的质量足够大的球形或近似球形天体。

银河系

太阳系所在的星系。

引力

引力是物体之间相互吸引的力。引力能够阻止你离开地面飘浮起来！

宇宙

包括地球及其他一切天体的无限空间。

索引

图书在版编目（CIP）数据

一起去找外星人：超酷的太空之旅 /（美）乔尔达·莫兰西著；（英）艾米·格兰姆斯绘；王善钦，张媛媛译 . -- 北京：中信出版社，2023.7

ISBN 978-7-5217-5745-3

Ⅰ . ①一… Ⅱ . ①乔… ②艾… ③王… ④张… Ⅲ . ①地外生命 - 少儿读物 Ⅳ . ① Q693-49

中国国家版本馆 CIP 数据核字（2023）第 087900 号

一起去找外星人：超酷的太空之旅

著　　者：[美]乔尔达·莫兰西
绘　　者：[英]艾米·格兰姆斯
译　　者：王善钦　张媛媛
出版发行：中信出版集团股份有限公司
　　　　　（北京市朝阳区东三环北路27号嘉铭中心　邮编　100020）
承　印　者：北京富诚彩色印刷有限公司

开　　本：889mm×1194mm　1/16　　印　张：5　　字　数：125千字
版　　次：2023年7月第1版　　　　　　印　次：2023年7月第1次印刷
京权图字：01-2023-2010
书　　号：ISBN 978-7-5217-5745-3
定　　价：78.00元

出　　品：中信儿童书店
图书策划：好奇岛　　策划编辑：李跃娜
责任编辑：李跃娜　　营　　销：中信童书营销中心
封面设计：李然　　　内文排版：杨兴艳

版权所有·侵权必究
如有印刷、装订问题，本公司负责调换。
服务热线：400-600-8099
投稿邮箱：author@citicpub.com